Syeda Iqra Hassan

Veículo autónomo

Syeda Iqra Hassan

Veículo autónomo

Conceção e controlo de um veículo terrestre não tripulado autónomo

ScienciaScripts

Imprint

Any brand names and product names mentioned in this book are subject to trademark, brand or patent protection and are trademarks or registered trademarks of their respective holders. The use of brand names, product names, common names, trade names, product descriptions etc. even without a particular marking in this work is in no way to be construed to mean that such names may be regarded as unrestricted in respect of trademark and brand protection legislation and could thus be used by anyone.

Cover image: www.ingimage.com

This book is a translation from the original published under ISBN 978-620-2-00422-0.

Publisher:
Sciencia Scripts
is a trademark of
Dodo Books Indian Ocean Ltd. and OmniScriptum S.R.L publishing group

120 High Road, East Finchley, London, N2 9ED, United Kingdom
Str. Armeneasca 28/1, office 1, Chisinau MD-2012, Republic of Moldova, Europe
Printed at: see last page
ISBN: 978-620-7-73926-4

Índice:

PROJETO E CONTROLE DE AUTÔNOMOS VEÍCULO TERRESTRE NÃO TRIPULADO

Abstrato:

Nos últimos anos, a ameaça do terrorismo deixou os governos de todo o mundo abalados devido ao elevado número de mortes de civis e militares. Muitos militares têm que enfrentar essas ameaças de frente, colocando suas vidas em risco, por isso era imperativo encontrar uma solução em que eles não tivessem que colocar suas vidas em risco. Nesse sentido, propusemos um modelo de Terra Não Tripulada Veículo (UGV) capaz de realizar missões em ambientes rígidos e críticos que podem ser fatais. Escolhemos um ArduPilot APM (2.6) como controlador base porque possui um software Mission Planner dedicado.

Palavras-chave : ArduPilot APM (2.6), Veículo Terrestre Autônomo Não Tripulado (UGV).

Capítulo 1

1. INTRODUÇÃO:

1.1 ROBÔ E ROBÓTICA:

A humanidade é como às vezes e multifacetada ou pré-programada, exercícios multitarefa podem ser extremamente difíceis de realizar com um desempenho humano mais agressivo. Além disso, com velocidade e precisão, é possível identificar uma máquina multimodal como um robô para realizar uma ou mais tarefas. Há muitas coisas a fazer para realizá-los: como os robôs, existem muitos tipos diferentes. Às vezes, o robô é capaz de controlar o operador de uma pessoa. Essa é a maioria dos robôs do mundo. Um robô possui características essenciais como detecção e inteligência, etc., e essas características serão discutidas abaixo.

1.1.1 DE DETECÇÃO:

Em primeiro lugar, o robô deve ser capaz de sentir o que o rodeia. Eles não farão isso de uma maneira que não seja diferente da maneira como sentem o ambiente. Fornecer sensores de dispositivos Android, como sensores de luz, sensores táteis e de pressão, torna seu robô consciente de seu ambiente.

The principles of capacitive touch sensing.

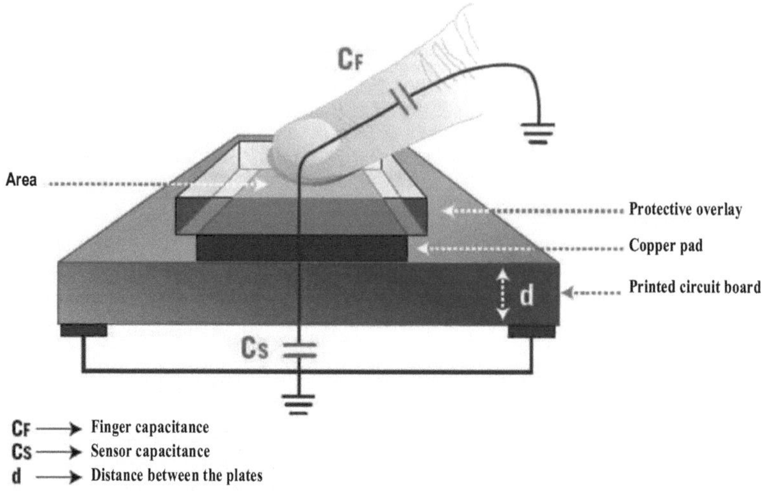

Fig1:Os princípios do sensor de toque[21]

1.1.2 INTELIGÊNCIA:

Robótica é engenharia mecânica, engenharia elétrica, engenharia eletrônica, controle de ciência da computação, tecnologia de robôs e sistemas de computador para projetar.

Você precisa de algum tipo de smartphone Android inteligente. É aqui que está a programação. O programador do cartão inteligente é a pessoa que lhe dá um robatake. O programa deve ter alguma forma de obter o Android para que se possa saber que os robôs podem ser usados para trabalhar em máquinas que funcionam neles. Robôs são dispositivos que se transferem de forma autônoma e não autômato e sua pesquisa é conhecida como robótica. Os movimentos são motivados, modelando e controlando comportamentos influenciados pela programação. Diz-se aos robôs que, se tiverem sucesso com segurança em um ambiente nocivo ou perigoso, podemos definir um

robô como um dispositivo, que é um processo móvel que pode ser vinculado e

afetado um pelo outro.

1.2 COMPONENTES DE SISTEMAS ROBÓTICOS:

A figura descreve todos os componentes necessários usados em sistemas robóticos

como sensoriamento, planejamento e outros. Todos os componentes são necessários

para realizar qualquer ação exigida e prescrita por um ser humano. Um ser humano

pode ter todas as facilidades possíveis e concluir uma tarefa necessária no prazo com a

ajuda de robôs.

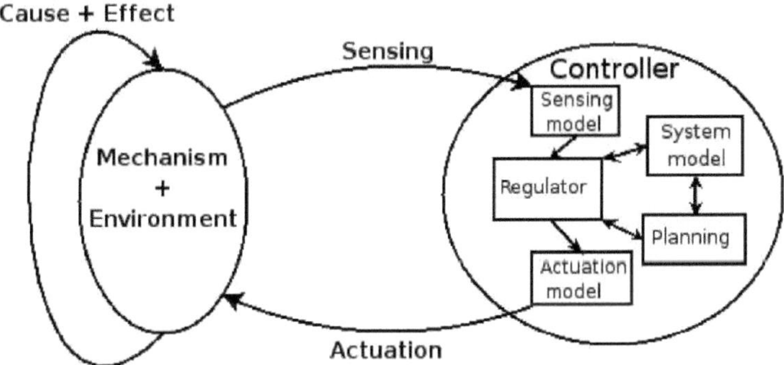

FIG2: Componentes do robô

1.3 TIPOS DE ROBÔS:

Existem dois tipos de robôs. O primeiro são robôs estacionários e o segundo são

robôs não estacionários.

1.3.1 ROBÔS ESTACIONÁRIOS:

Robôs do tipo estacionário são robôs colocados em um ambiente estruturado, onde as

condições mudam muito pouco. Robôs estacionários em fábricas, que pulverizam

tinta, transportam cargas, soldam a arco, despejam venenos, manuseiam explosivos ou colocam peças, são excelentes funcionários [13].

1.3.2 ROBÔS NÃO ESTACIONÁRIOS:

Existem três tipos de robôs não estacionários: o primeiro é aéreo, o segundo é subaquático e o terceiro é terrestre.

1.3.2.1 AÉREO:

Os cientistas estão agora a trabalhar para dar aos robôs a inteligência necessária para voarem bem, para a sua integração e exploração para novas aplicações. Os futuros robôs aéreos terão que lidar de forma mais inteligente com a incerteza. Por exemplo, voar em uma cidade expõe você a fluxos de ar turbulentos e imprevisíveis, o que é particularmente problemático para aeronaves muito pequenas, como Micro Air Vehicles (MAVs). E, claro, todos os computadores e sensores têm que ser leves para caberem na aeronave [6]. A figura do veículo aéreo não tripulado é mostrada na figura abaixo.

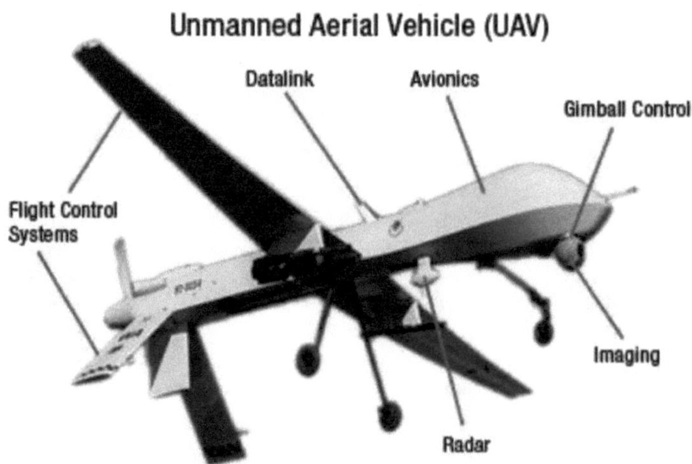

1.3.2.2 EMBAIXO DA AGUA :

Veículos subaquáticos autônomos (AUVs) são veículos robóticos programáveis, dependendo de seu projeto, avançam, dirigem ou deslizam pelo oceano sem monitoramento em tempo real por operadores humanos.

Alguns AUVs comunicam-se com os operadores periodicamente ou continuamente através de sinais de satélite ou faróis acústicos subaquáticos para permitir um certo nível de controle. Os UAVs permitem que os cientistas conduzam mais experimentos a partir de um navio de superfície enquanto o veículo coleta pontos de dados na superfície ou nas profundezas do oceano [8]. A figura do veículo subaquático é mostrada abaixo.

FIG 4 VEÍCULO SUBAQUÁTICO[23]

1.3.3.3 VEÍCULO TERRESTRE:

Um Veículo Terrestre Não Tripulado (UGV) é qualquer equipamento mecanizado que se move pela superfície do solo e serve como meio de carregar ou transportar algo, mas explicitamente não transporta um ser humano. Em outra definição, um UGV é um dispositivo mecânico terrestre que pode detectar e interagir com o seu ambiente. Os UGVs, que são frequentemente usados na terminologia militar, são na verdade robôs móveis baseados em terra. Os UGVs podem ser classificados com base em suas características, como modo de locomoção, tipo de sistema de controle e área operacional pretendida [4]. Um veículo terrestre não tripulado (UGV) é um veículo que opera em contato com o solo e sem a presença humana a bordo. A figura do veículo terrestre é mostrada na Fig. 5

FIG 5: VEÍCULO TERRESTRE[24]

Capítulo 2

2.1 MÓDULO DE PILOTO AUTOMÁTICO (APM) 2.6:

O módulo principal deste projeto é o APM 2.6, é uma plataforma de código aberto capaz de controlar veículos não tripulados, sejam eles robôs aéreos, terrestres ou subaquáticos. APM (módulo Auto Pilot) 2.6 é uma tecnologia premiada e prestigiada na categoria de unidades de controle de veículos autônomos.

Neste projeto, o veículo terrestre não tripulado APM 2.6 é utilizado como principal módulo operacional devido ao seu funcionamento. O APM 2.6 foi projetado especificamente para a categoria de veículos ou robôs em que este projeto se enquadra. Ele fornece a plataforma de código aberto para modificar a mobilidade do rover de acordo com os requisitos. Possui portas de entrada e saída pré-atribuídas para bússola, GPS, telemetria, etc., o que facilita o trabalho. A figura da estrutura APM é mostrada abaixo

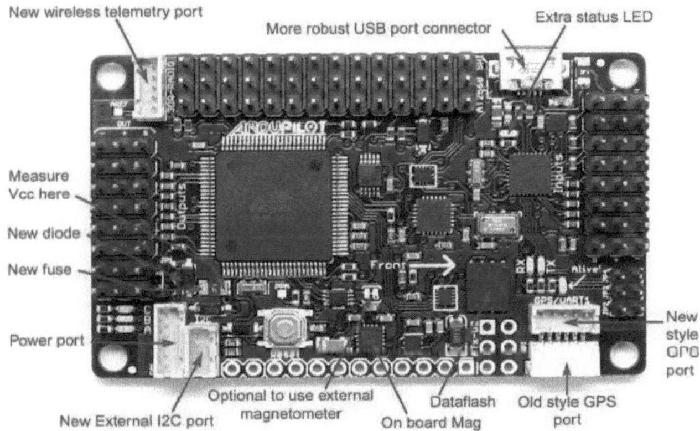

FIG 7:MÓDULO APM

Como qualquer outro processador ou controlador, o APM também funciona no esquema básico de IPO, ou seja, entrada/processo/saída. ele foi projetado para ser usado com GPS 3DR uBlox com módulo de bússola. Um planejador de missão de software específico é definido na estação base. O dispositivo de telemetria está conectado ao APM para comunicação com a estação base (ou seja, laptop ou PC). O funcionamento do APM é inicializado de forma que os módulos GPS enviam as coordenadas de posição para a estação base, o operador então traça os pontos de passagem para onde o veículo pretende ser enviado, no mapa utilizando o planejador de missão.

2.2 ARDUINO UNO:

Arduino UNO também é uma plataforma de código aberto baseada em hardware e software simples, pode ser usada em qualquer projeto interativo, arduino UNO oferece porta que pode ser programada como fontes de entrada ou saída de acordo com os requisitos, é programada usando software IDE .

Neste projeto o arduino é usado para controlar a derivação do motor do rover, uma vez que o APM 2.6 gera sinais de acionamento para tipos de motores específicos, que não poderiam alimentar os motores DC usados neste rover, portanto, os controladores arduino são usados para converter os sinais de acordo e alimentar o sistema de acionamento do motor. A figura da estrutura do Arduino é mostrada na Fig abaixo.

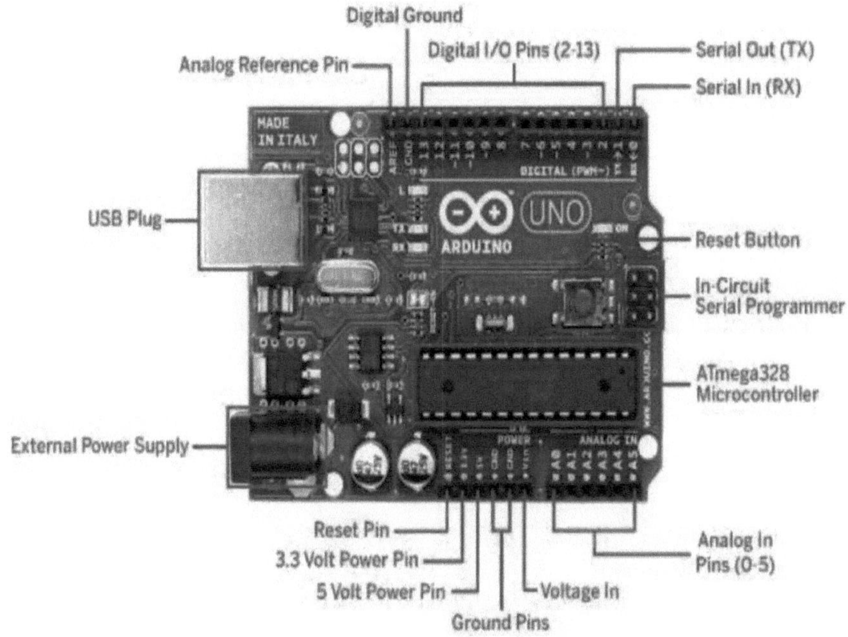

FIGURA 8:ARDUINO(UNO)

2.3 SISTEMA DE POSICIONAMENTO GLOBAL:

O sistema de posicionamento global é um sistema projetado e controlado pelo governo dos EUA, para tração, mapeamento e localização em qualquer lugar e a qualquer hora do mundo. É um sistema de navegação controlado por rádio que utiliza comunicações via satélite para preceder sua operação.

Neste projeto é utilizado um módulo GPS 3DR uBlox para realizar as tarefas de mapeamento e localização, o APM 2.6 foi projetado especificamente para ser utilizado com GPS uBlox, por isso foi escolhido para o projeto. Ele também vem com uma bússola, portanto eliminando a necessidade de qualquer outra bússola montada externamente. A figura

da estrutura interna do GPS é mostrada abaixo.

FIG 9: MÓDULO GPS

Os módulos GPS funcionam após a conexão com os satélites e passam a fornecer

dados em termos de parâmetros de longitude, latitude e altitude, esses parâmetros

auxiliam na localização da posição real do módulo.

2.4 TELEMETRIA:

A palavra tele refere-se a Wireless, telemetria são dispositivos de comunicação que
recebem e transmitem dados sem fio. A figura dos cabos de telemetria é mostrada na
Fig 3.5.

Fig 10: CABOS DE TELEMETRIA

2.5 PONTE H L298

Neste projeto, a ponte H L298 é usada para alimentar os motores de acionamento CC,

é uma ponte H simples que proporciona maior eficiência na operação do acionamento.

Além disso, é um driver de motor de ponte H multifuncional facilmente disponível e

com preço razoável. A figura da estrutura interna da ponte H é mostrada na Fig 3.6.

Fig 11: PONTE H

Neste projeto a telemetria é usada para fornecer um meio de comunicação para a estação base e o rover, pois este projeto é semiautônomo, portanto, uma estação base é necessária para controlar a operação, são necessárias instruções para serem enviadas ao rover, e os dados do rover também precisam ser recebidos no ponto base, a telemetria torna possível executar a tarefa desejada para o rover não tripulado.

A comunicação telemétrica consiste em um conjunto de instrumentos de medição, um codificador que traduz os sinais do instrumento em sinais analógicos ou digitais e uma antena para amplificar os sinais de transmissão. A telemetria funciona usando um amplificador de RF e um demodulador.

Pode controlar dois motores, não apenas um. Ele pode suportar 2 amperes por motor, mas para obter a corrente máxima, certifique-se de adicionar um dissipador de calor.

O L298 possui um grande flange de resfriamento com um orifício, facilitando a fixação de um dissipador de calor de metal caseiro [11].

2.6 SONAR

O sensor sonar é capaz de estimar o objeto à sua frente usando o sonar de som refletido (originalmente um acrônimo para Sound Navigation And Ranging). É uma técnica que usa a propagação do som para navegar.

Neste projeto, o sonar é usado para evitar obstáculos; evitar obstáculos é necessário para um veículo não tripulado evitar qualquer dano durante a operação. A figura do sensor sonar é mostrada na Fig 3.7.

Figura 12:SONAR

O fenômeno de funcionamento de qualquer sonar é simples, ele propaga ondas sonoras e detecta ondas refletidas, se um objeto estiver presente no caminho, e as ondas podem ser refletidas, caso contrário as ondas não são refletidas,

A proporção de ondas que são refletidas de volta gera sinais, que estão sendo usados

para processar e tomar decisões para evitar qualquer colisão.

2.7 CÂMERA IP

Câmera IP significa Câmera de Protocolo de Internet. É um tipo de vídeo digital

Câmera comumente utilizada ou empregada para vigilância e que, diferentemente da analógica, a câmera de circuito fechado de televisão (CCVT) pode enviar e receber dados de computador e internet [14].

Neste projeto a câmera IP está sendo utilizada para saída de vídeo em tempo real na

estação base, para fins de vigilância. A figura da câmera IP é mostrada na Fig.

FIG 13: CÂMERA IP

2.8 MOTOR DE ENGRENAGEM CC

O motor DC com engrenagem pode ser definido como uma extensão do motor DC que

já teve seus detalhes do Insight desmistificados. Um motor DC com engrenagem possui

um conjunto de engrenagens conectado ao motor.

A velocidade do motor é contada em termos de rotações do eixo por minuto e é denominada RPM. O conjunto de engrenagens ajuda a aumentar o torque e reduzir a velocidade. Usando a combinação correta de engrenagens em um motorredutor, sua velocidade pode ser reduzida para qualquer valor desejável.

FIG 14: MOTORES GAER

Os motores de engrenagem são usados em muitos equipamentos, incluindo unidades transportadoras, eletrodomésticos, plataformas elevatórias e para deficientes físicos, equipamentos médicos e de laboratório, máquinas-ferramentas, máquinas de embalagem e máquinas de impressão.

2.9 SENSOR DE BÚSSOLA

Uma bússola é um instrumento usado para navegação e orientação que mostra a direção em relação às direções geográficas cardeais, ou pontos.

Normalmente, um diagrama chamado rosa dos ventos, que mostra as direções norte, sul, leste e oeste como iniciais abreviadas marcadas na bússola [11]. A figura do sensor da bússola é mostrada na Fig.

FIG 15: SENSOR DA BÚSSOLA

O uso desses sensores para aplicações de coberturas móveis às vezes é impossível porque o campo magnético da Terra é frequentemente distorcido perto da fonte de alimentação.

linhas e estruturas metálicas. Existem muitos tipos diferentes de medidas, como mecânica magnética, saturação, efeito Hall, magneto e bússolas magneto.

Capítulo 3

3.1 PLANEJADOR DE MISSÃO

O Mission Planner foi desenvolvido por Michael Oborne para o projeto de piloto automático APM de código aberto . As principais opções de hardware do controlador de vôo são APM 2.X, Pixhawk, PX4FMU, NAVIO +, Errle Brain Linux Autopilot, Qualcomm snapdragon Flight kit.

Mission Planner é uma estação de controle terrestre para aviões, helicópteros e rovers. É compatível apenas com Windows. O Mission Planner pode ser usado como um utilitário de configuração ou como um suplemento de controle dinâmico para seu veículo autônomo [9]. O planejador de missão é simples, compatível e fácil de usar. É utilizado em robôs autônomos para controle de placa de piloto automático. Mission Planner é um aplicativo de estação terrestre completo para o projeto de piloto automático de código aberto Auto Pilot. A figura do planejador da missão mostrando a direção é mostrada na Figura 4.1.

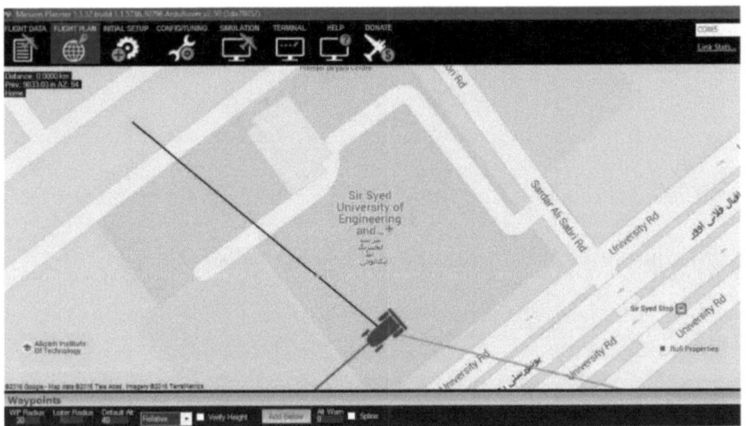

FIG 16: PLANEJADOR DE MISSÃO INDICANDO A DIREÇÃO DO ROBÔ

O planejador de missão é operado de duas maneiras, a primeira é de forma autônoma

e a segunda é por controle remoto.

Estamos operando e usando o software de planejamento de missão de forma

autônoma.

3.1.1 PLANEJANDO UMA MISSÃO COM WAYPOINTS E EVENTOS

Isto descreve a configuração genérica de waypoints para todos os tipos de veículos.
Configuração inicial

A posição inicial do helicóptero é definida como o local onde o helicóptero foi
armado.

Isso significa que se você realizar um RTL no Copter, ele retornará ao local onde foi
armado, então arme seu helicóptero no local para onde deseja que ele retorne. Para a
posição inicial do avião é a posição do planeta onde o GPS foi travado.

3.2 AMBIENTE DE DESENVOLVIMENTO INTEGRADO

IDE é usado para controlar e programar dispositivos eletrônicos. Um programa de

ambiente de desenvolvimento integrado (IDE) visa promover o programa de

desenvolvimento. Em geral, um IDE desenvolve um ambiente integrado com todas as

ferramentas necessárias para ajudá-lo a criar aplicativos de software projetados para

funcionar em conjunto com uma interface gráfica de usuário (GUI). Usamos IDE para

controlar as RPM dos motores. Ele fornece sinais para alternar os modos de um rover.

A figura da Estrutura Interna do Arduino é mostrada na Fig 17

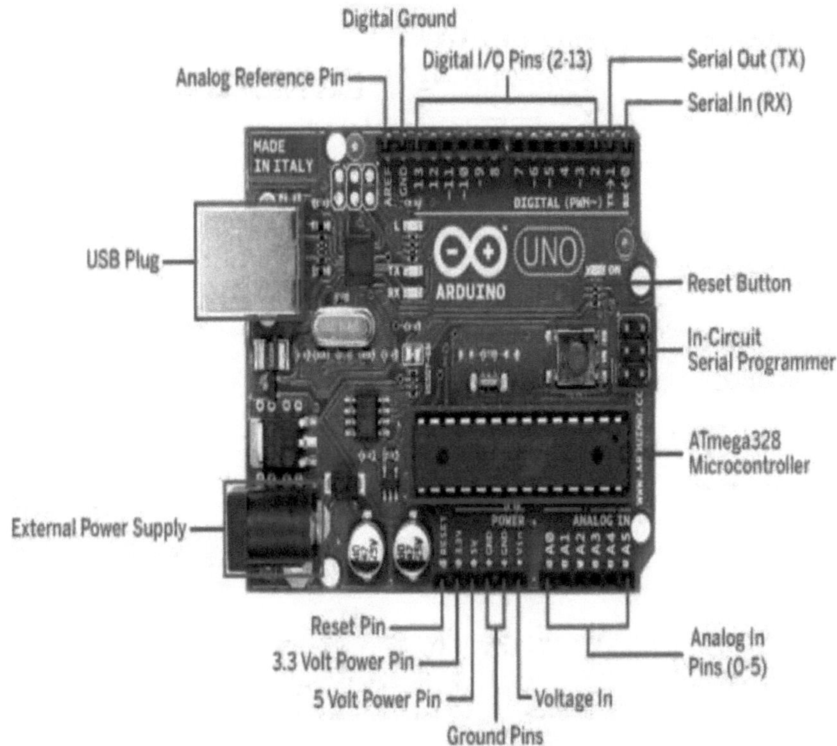

FIGURA 17 ESTRUTURA DO ARDUINO

IDE é um software simples e fácil de usar, ou podemos apenas dizer usar. Um programador se sente confortável ao interagir com o IDE. Ele fornece uma interação entre usuário e aplicativo. IDE é um ambiente de desenvolvimento integrado, um software útil que atua como editor de texto, depurador e compilador, tudo em um, às vezes - pacote inchado, mas geralmente útil

Existem muitas funções importantes no IDE que fazem a diferença em comparação com outros softwares. Wing ware python IDE é um exemplo real de IDE. Ele contém os seguintes recursos:

- ☐ Escreva código mais rápido

- ☐ Encontre e corrija bugs rapidamente

- ☐ Navegue pelo código com facilidade

- ☐ Edite as combinações de teclas favoritas

- ☐ Personalize o espaço de trabalho.

Capítulo 4

4.1 DESCRIÇÃO DO PROJETO:

O objetivo deste projeto é projetar e controlar um ground rover de forma autônoma usando módulo de piloto automático (APM), juntamente com prevenção de obstáculos e transmissão de vídeo em tempo real.

Nosso sistema proposto se enquadra basicamente na categoria de Robótica que na verdade é um ramo da Engenharia Elétrica, Eletrônica e Mecânica, que trata do projeto, construção e controle de robôs com seu processamento de informações [1]. Os robôs são os dispositivos capazes de realizar as tarefas designadas de forma autônoma, o que os torna uma isca perfeita em operações militares. Pode ser utilizado para vigilância e até mesmo para operações secretas militares, seus movimentos são planejados, modelados e controlados de forma autônoma por sua programação. Seu desempenho pode ser variado pela utilização eficaz de seu código-fonte.

Ao longo dos anos, os UGVs são utilizados em diversas aplicações, como para uso de limpeza, médico e militar [2-3]. Esses rovers autônomos são capazes de realizar tarefas como desarmar bombas ou ajudar tropas amigas [2-5]. Eles também podem ser operados usando o Controle Remoto (RC), se necessário [6]. Os UGVs também são implementados em áreas onde a entrada de um ser humano pode ser letal ou perigosa [7-8]. Vários programas de pesquisa foram iniciados para o desenvolvimento de sistemas de navegação eficazes projetados especificamente para auxiliar veículos autônomos [9-14]. Uma verdade de pesquisa foi conduzida para o

identificação do caminho mais curto como Lazy Theta* [15]. Desenvolvimento de um ambiente de rede integrado para internet baseada em sistemas robóticos porque os sistemas robóticos são isolados uns dos outros por ambientes diferentes e não possuem forma eficaz de comunicação, exceto para operar em ambientes perigosos. Veículos terrestres não tripulados (UVG) têm sido um campo de pesquisa continuamente intrigante e curioso. Os autores propuseram e descreveram a ideia de detecção de semáforos via processamento de imagens, fornecendo informações precisas ao sistema de inteligência da UGV sobre o cenário do semáforo, existem muitas pesquisas para detecção de semáforos. Primeiro, há um estudo baseado no rastreamento de cores da Mahipa. R.

Yelal et al [16-18]. Outro estudo para detecção de semáforos está usando 'Fuzzy AI' de Yun-Chung Chung et al [19]. Muitos rovers terrestres são desenvolvidos para exploração na lua [20].

Em nosso sistema proposto, implementamos o APM 2.6 ArduPilot para mapear waypoints que são pré-programados, também podemos fornecer o próximo waypoint a ser seguido sem fio, se necessário.

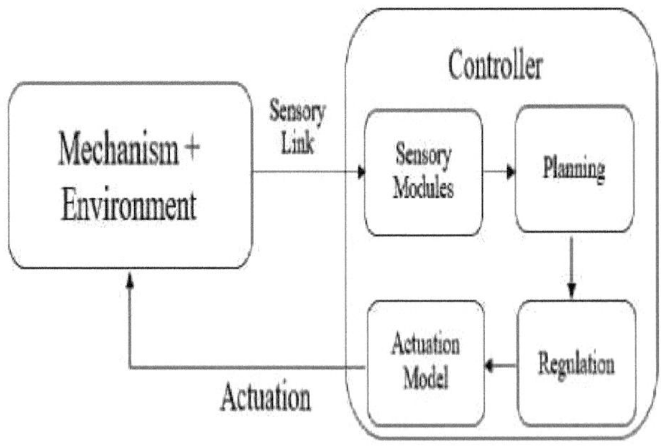

Fig-18: Componentes do Sistema

O diagrama de blocos do nosso veículo terrestre não tripulado é mostrado

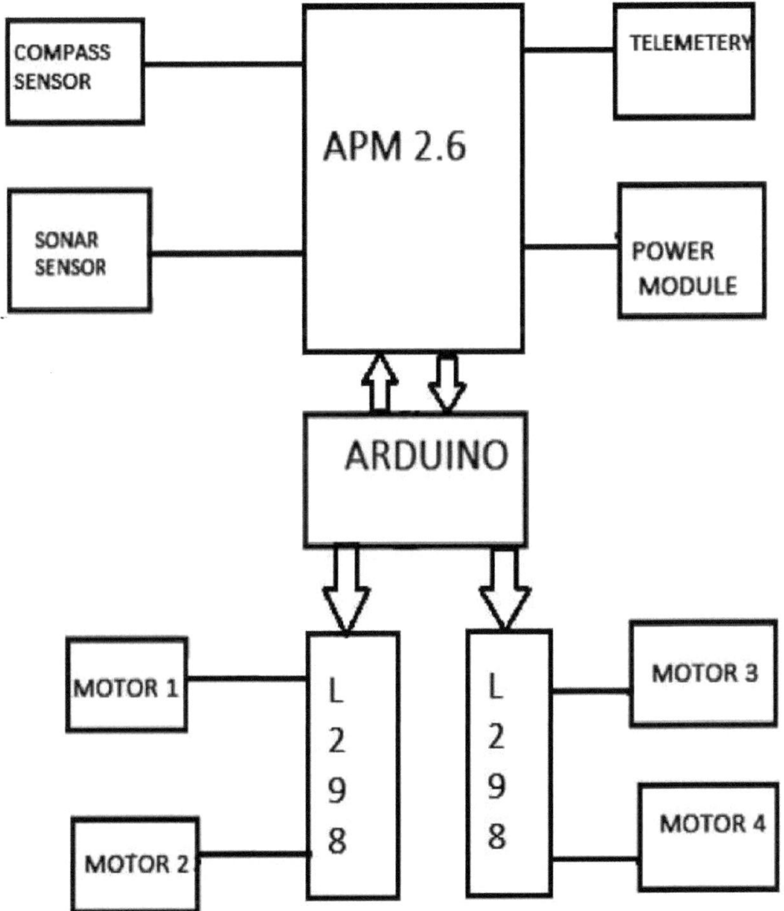

FIG 19: DIAGRAMA DE BLOCOS DO PROJETO SIMPLES

4.2 DESIGN MECÂNICO:

4.2.1 TIPOS DE UGV:

Os UGVs podem ser subdivididos em três tipos de acordo com suas características operacionais e autonomia. Os três tipos de UGVs são totalmente autônomos, operados remotamente e semiautônomos.

4.2.2 TOTALMENTE AUTÔNOMO:

Esses robôs são feitos para realizar tarefas especiais por conta própria; técnicas de inteligência artificial são implementadas em seu programa principal. Esses dispositivos são capazes de tomar decisões próprias de acordo com o cenário. Algoritmos complexos são usados para criar dispositivos totalmente autônomos. A figura do rover totalmente autônomo é mostrada na Fig. 20.

FIG 20: VEÍCULO TOTALMENTE AUTÔNOMO

4.2.3 OPERADO REMOTO:

Esses robôs são operados por meio de controles remotos, ou seja, embora a bordo não haja presença humana, são totalmente controlados por um operador a partir de um ponto dentro de um determinado alcance. Um controlador especializado é projetado para enviar sinais ao robô, onde os sinais de entrada são processados e o robô atua de acordo. A figura do rover autônomo operado remotamente é mostrada na Fig. 21

FIG 21: ROVER AUTÔNOMO OPERADO REMOTAMENTE

4.2.4 SEMI AUTÔNOMO

Um UGV parcialmente autônomo, ou que pode ser operado apenas fornecendo

instruções iniciais, enquadra-se no tipo robô semiautônomo. Esses robôs estão sendo

amplamente utilizados em operações militares, pesquisas em áreas remotas, etc. A

figura do rover semiautônomo é mostrada na Figura 22.

FIG 21:SEMI AUTÔNOMO

4.3 Modelo de hardware do sistema

Nosso modelo é dividido em três partes diferentes: Sistema Sensorial, Planejamento

de Caminho e Módulo de Atuação, conforme mostrado na Fig-2. O planejamento de

caminho é um processo de navegação do rover em direção ao waypoint desejado ou

determinado que já foi programado usando o APM 2.6 ArduPilot. Para fins de

navegação, o APM requer as coordenadas atuais do rover, portanto o módulo GPS foi

instalado a bordo do rover e conectado ao módulo APM. O sensor de temperatura

LM35 também é utilizado para monitorar as condições do terreno. O sensor sonar é

usado para detectar os obstáculos que se aproximam diretamente no caminho do

rover em movimento, com sua ajuda ele mudará seu curso atual para evitar uma colisão iminente e basicamente funciona como um olho para o rover.

O mecanismo baseado em cinto é usado no rover do UGV após testar diferentes projetos mecânicos. Para conduzir o rover de finalização, as pontes H são necessárias. O rover consiste em quatro motores, pontes H baseadas em L298 IC são montadas no rover para acioná-lo. As pontes H são alimentadas por bateria lipo e fornecem energia ao Arduino enquanto o Arduino envia sinais às pontes H para acionar os motores. As pontes H recebem sinais do APM que convertem sinais em PWM diferentes para acionar o rover com precisão. O APM 2.6 não possui bússola integrada, então anexamos bússola + magnetômetro separadamente para receber satélite. APM 2.6 obtém energia por bateria lipo através do módulo de energia. O sensor sonar também está conectado ao APM 2.6 ao pino A0 e ao pino A1 para evitar obstáculos. A câmera IP também é colocada sobre o rover para fins de triagem ou vigilância ao vivo. No final, finalmente, o rover recebe comandos do Mission Planner para operar o rover no modo guiado ou automático via telemetria.

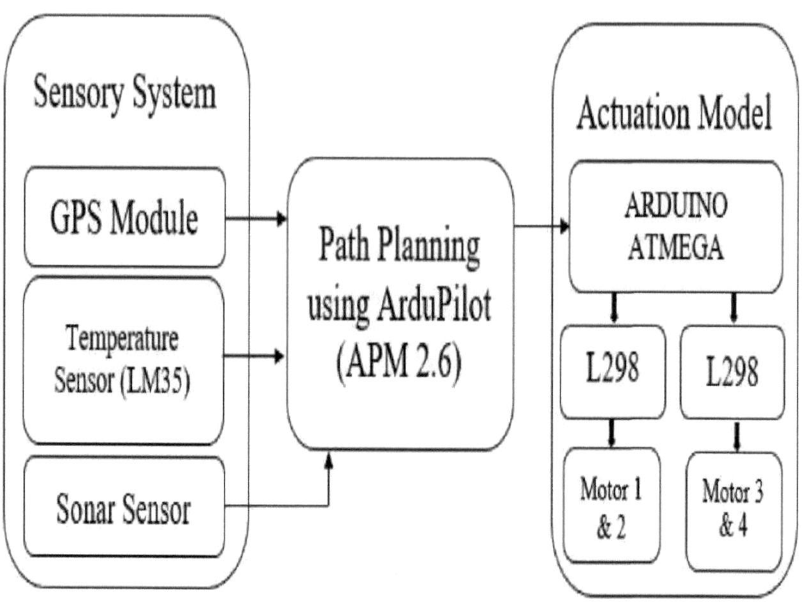

FIG 22: DESCRIÇÃO DETALHADA DO PROJETO NO DIAGRAMA DE BLOCOS

O Modelo de Atuação consiste em um controlador Arduino interfaceado com APM 2.6 utilizado para realizar as tarefas associadas ao movimento do rover, ele gera a Modulação por Largura de Pulso (PWN) com os dados que lhe foram transmitidos pelo APM 2.6 e por sua vez gera RPM apropriado através controladores de direção (L298). L298 é um circuito integrado de controle de direção utilizado para acionar os motores interligados a ele, cada um é capaz de acionar dois motores, portanto para quatro rodas foram utilizados dois L298, eles são baseados em um projeto de ponte H e são utilizados para acionar o motor interligado para ele.Arduino revive as diretivas de movimento do módulo APM 2.6 e transmite com precisão os sinais para L298 em turnos que os motores tendem a girar na direção e velocidade designadas.

Para nosso modelo de rover básico, escolhemos um projeto de trilha de tanque porque ele pode operar com eficácia em quase todos os tipos de terreno. A coisa mais importante a considerar ao projetar um rover é o modelo básico, porque o terreno no qual o rover se move pode variar. tão necessário considerar todas as possibilidades. Se o rover ficar preso devido ao seu design volumoso ou inadequado, isso poderá causar um problema, porque se o usarmos para fins militares, ele poderá ser capturado ou destruído sem sucesso. Motorredutores CC são usados para mover o rover.

FIG 23: PROJETO INICIAL DO ROVER

FIG 24: MOTORES

Capítulo 5

5.1 SISTEMA DE TELEMETRIA:

Um dispositivo de telemetria, como transceptores de RF, também faz interface com o APM 2.6 ArduPilot para comunicação de longa distância. Uma estação base é configurada para planejamento e diretivas de waypoints, as coordenadas para o próximo waypoint são transmitidas para a estação móvel ou receptor montado no rover. Neste ponto, o APM entra no processo de tomada de decisão e compara a estação base coordenada recebida, a partir daí decide mover-se na direção designada.

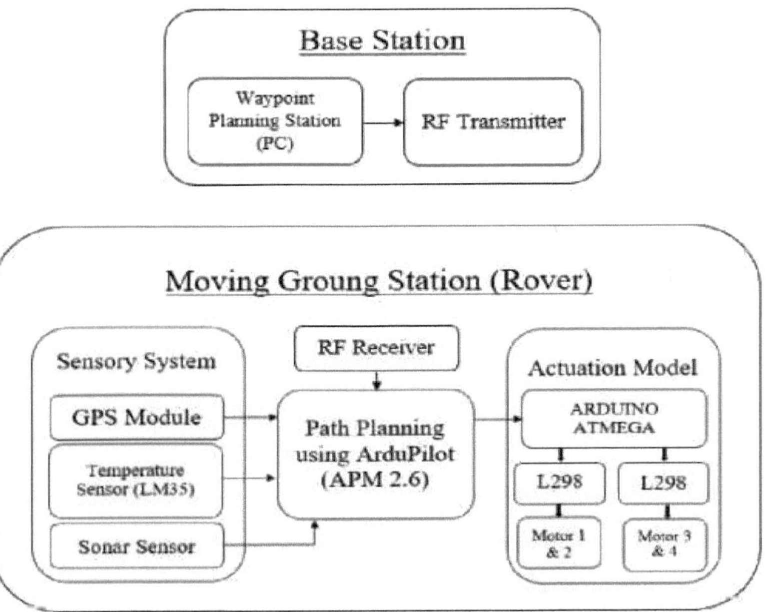

FIG-25: ESTAÇÃO DE TELEMETRIA COM ROVER

Capítulo 6

6.1 RESULTADOS:

Para o planejamento de waypoints, utilizamos um software de código aberto conhecido como Mission Planner, projetado para APM ArduPilot para rastreamento e planejamento de waypoints. É simples, compatível com o sistema operacional Windows e bastante fácil de usar.

O próximo waypoint de destino é transmitido da estação base se estivermos usando nosso rover de forma autônoma, mas para controle RC é comparativamente fácil. A Fig25 representa a análise de dados realizada na estação base para o planejamento da missão.

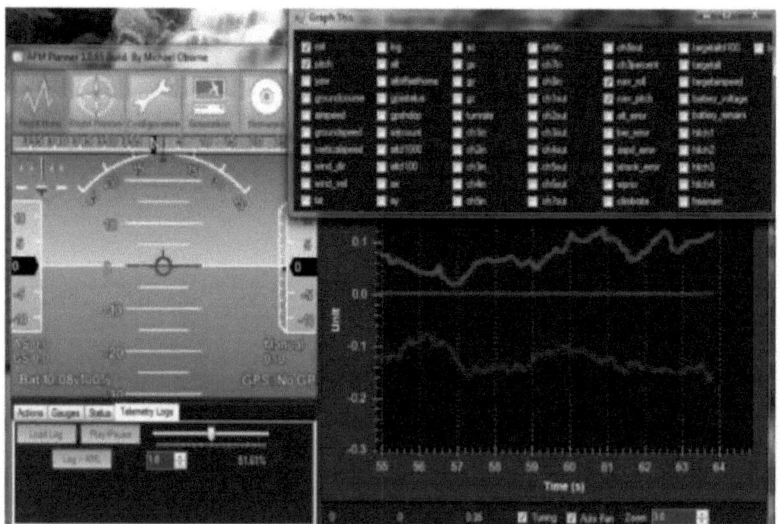

FIG 26: ANÁLISE DE DADOS NA ESTAÇÃO BASE

O processo de navegação é exibido na Fig26, o rover rastreará o próximo waypoint comparando sua coordenada atual recebida do GPS e com aquela transmitida pela estação base. Fig-28 e 29 são os modelos finais projetados com todos os dispositivos

montados.

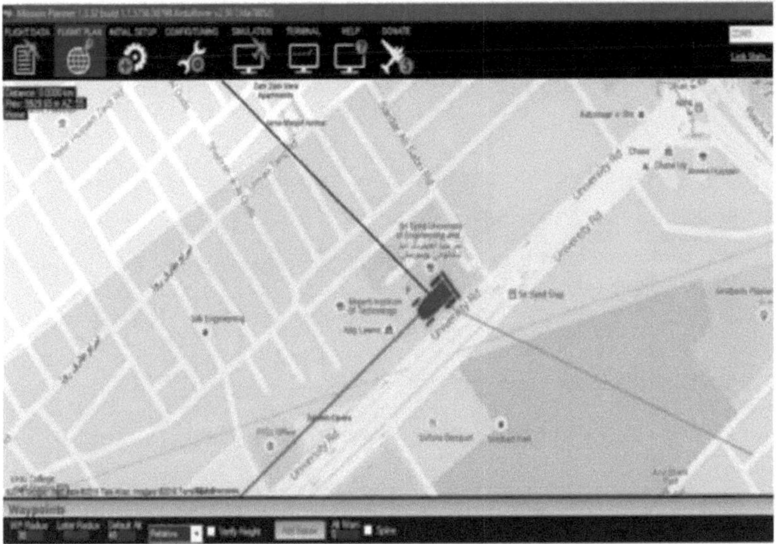

Fig-27: Navegação Rover usando o Planejador de Missão

**FIG-28: MODELO DE TRILHA DE TANQUE DE UM ROVER GPS
MONTADO**

FIG-29: MODELO DE TRILHA DO TANQUE DE UM ROVER

CONCLUSÃO

Em nosso trabalho proposto, projetamos um Veículo Terrestre Não Tripulado capaz de rastrear e se mover para o próximo waypoint designado transmitido através da estação terrestre, ele pode se mover em quase todos os tipos de terreno, pois possui um modelo de cauda de tanque projetado especificamente para terrenos acidentados. . É barato, eficiente e altamente eficaz para vigilância em organizações militares. Também pode ser montado com a arma se quisermos usá-la em missões de combate. O modelo projetado atendeu às nossas expectativas e dentro dos parâmetros desejados.

MELHORIAS FUTURAS:

☐ Sensores adicionais, como sensores infravermelhos passivos, podem ser adicionados para aprimorar as capacidades do UGV.

☐ Imagens térmicas e sensores de gás podem ser adicionados para melhorar ainda mais o UGV.

☐ Aumentado com outros algoritmos de processamento de imagem de fluxo óptico como diferenciação de peças, detecção de bordas para realizar monitoramento de movimento mais confiável.

☐ Tecnologia de ponta capaz de resolver problemas mais elevados pode ser adicionada para aprimorar a funcionalidade atual do UGV.

☐ Links seguros de comunicação via satélite aumentam a segurança da operação do UGV.

☐ O aumento dos níveis de autonomia em futuros UGVs expandiria enormemente a lista de usos militares [5].

Os UGVs são mais adequados para executar tarefas militares complexas. Pode realizar múltiplas tarefas e a principal característica do UGV é a sua autonomia. À medida que o tempo passa, o tamanho dos UGVs fica cada vez menor, com a função e a tecnologia aumentando a cada geração. Eles são projetados para que possam ser usados em fins de guerra e para o conforto dos soldados do exército e chegar a ambientes onde não é possível para um ser humano trabalhar. Eles agora estão sendo usados em todo o mundo com muitos avanços e precisão. A melhoria da interface do robô humano aumentará cada vez mais sua eficácia.

REFERÊNCIAS

John Keller, editor-chefe da Eletrônica Militar e Aeroespacial. O Exército está farto de UAV. Crescem os temores de que possam estar prejudicando os sistemas tripulados. http://www.militaryaerospace.com/articles/pt/2016/01/the-army-s-had-enough-of-uavsfears-grow-they-may-be-take-away-from-manned-systems.htm

Rus, Daniela e Michael T. Tolley. "Projeto, fabricação e controle de robôs soft." Natureza 521.7553 (2015): 467-475.

Burgner-Kahrs, Jessica, D. Caleb Rucker e Howie Choset. "Robôs contínuos para aplicações médicas: uma pesquisa." Transações IEEE em Robótica31.6 (2015): 1261-1280.

A. Bouhraoua, N. Merah, M. AlDajani e M. ElShafei, —Design and Implementation of an Unmanned Ground Vehicle for Security Applications!!, Anais do 7º Simpósio Internacional de Mecatrônica e suas Aplicações, (2010) 20 a 22 de abril ; Dhahran, Arábia Saudita.

JH Lim, S.-H. Canção, J.-R. Filho, T.-Y. Kuc, H.-S. Park e H.-S. Kim, —Um método de teste automatizado para plataforma de robô e seus componentes!, International Journal of Software Engineering and Its Applications, (2010).

Http //: en.m.wikipedia.org/wiki/unmanned-ground-vehicle.

www.ijarcsse.com (UGV)

https://arxiv.org/abs/1002.4180

Douglas W. Gage, "Uma Breve História dos Esforços de Desenvolvimento de Veículos Terrestres Não Tripulados (UGV), Edição Especial sobre Veículos Terrestres Não Tripulados, Unmanned Systems Magazine, Vol. 13, número 3, verão de 1995.

Anthony Stentz, Alonzo Kelly, Peter Rander, Herman Herman, OmeadAmidi, "Percepção multiperspectiva em tempo real para veículos terrestres não tripulados", www.rec.ri.cmu.edu/projects/ preceptor.

Parag H. Batavia, Dean A. Pomerleau, Charles E. Thorpe, "Aplicando algoritmos de aprendizagem avançada ao ALVINN", CMU-RI-TR-96-31, outubro de 1996.

Bruce A. Draper, G. Kutlu, Edward M. Riseman, Allen R. Hanson, "ISR3: Comunicação e armazenamento de dados para um veículo terrestre não tripulado", procedimentos do ICPR, 1994.

Robert A. Frederick, "Plano de Projeto: Veículo Aéreo/Terrestre Não Tripulado".

http://www.eb.uah.edu/ipt2001 .

http: //ij ettj jornal. org/archive/ij ett-v3 0p282

Alex Nash, Craig Tovey e Sven Koenig, "Lazy Theta*: Any Angle Path Planning and Path Length Analysis in 3D", Conferência Nacional sobre Inteligência Artificial - AAAI, 2010.

www.intechopen.com/. ../sistemas multiagentes

www.ijsce.org/attachments/File/ICCIN-2K14/16 ICCIN-2k14.pdf

Mahipal. R. Yelal et al, "Rastreamento de luz de sinal baseado em cores em vídeo em tempo real", AVSS '06 IEEE, 2006

http://ieeexplore.ieee.org/document/4839309/ (primitivas avançadas)

[21]
https://www.google.com.pk/search?Q=the+principles+of+touch+sensin g&

fonte=lnms&tbm=isch&sa=X&ved=0aukewioqustqfruahucwbokhffgdf eq

auibygc&biw=1366&bih=638 (VISITE (visita em 9 de julho de 2017)

[22]
https://www.google.com.pk/search?Q=the+principles+of+touch+sensin g&

fonte=lnms&tbm=isch&sa=X&ved=0aukewioqustqfruahucwbokhffgdf

eq

auibygc&biw=1366&bih=638#tbm=isch&q=não

tripulado+aéreo+veículo+(uav)

&imgrc=4fudmi3vesxcfm: (VISITE (visita em 9 de julho de 2017)

[23]

https://www.google.com.pk/search?Q=underwater+vehicle&source=ln

ms

&tbm=isch&sa=X&ved=0ahukewi3_-orrvruahvgvrqkha9-

dnoq_auibigb&biw=1366&bih=638 (visita em 9 de julho de 2017)

[24]

https://www.google.com.pk/search?Q=underwater+vehicle&source=ln

ms

&tbm=isch&sa=X&ved=0ahukewi3 -orrvruahvgvrqkha9-

dnoq

auibigb&biw=1366&bih=638#tbm=isch&q=solo+veículo&imgrc=33-

eiuhsro9dqm : (visita em 9 de julho de 2017)

Printed by Books on Demand GmbH, Norderstedt / Germany